戒了吧，

谷雨 编著

拖延症

吉林科学技术出版社

图书在版编目（CIP）数据

戒了吧，拖延症 / 谷雨编著 . -- 长春：吉林科学
技术出版社，2025. 1. -- ISBN 978-7-5744-1986-5

Ⅰ . B848.4-49

中国国家版本馆 CIP 数据核字第 2024D6C631 号

戒了吧，拖延症

JIELE BA,TUOYANZHENG

编　著　谷　雨
出 版 人　宛　霞
策划编辑　李思言　丑人荣
全案策划　刘慧滢
责任编辑　张　楠
封面设计　韩海静
内文制作　纸上书妆
幅面尺寸　170 mm×230 mm
开　　本　16
字　　数　103千字
印　　张　9
印　　数　1~20 000册
版　　次　2025年1月第1版
印　　次　2025年1月第1次印刷
出　　版　吉林科学技术出版社
发　　行　吉林科学技术出版社
地　　址　长春市福祉大路5788号龙腾国际大厦A座
邮　　编　130118
发行部电话/传真　0431-81629529　81629530　81629531
　　　　　　　　　81629532　81629533　81629534
储运部电话　0431-86059116
编辑部电话　0431-81629516
印　　刷　德富泰（唐山）印务有限公司
书　　号　ISBN 978-7-5744-1986-5
定　　价　59.00元

目录
contents

学习篇

好成绩靠拼搏，坏成绩源于"拖"

成长篇

从有动力拖延到没兴趣

生活篇

从今天起，不做"拖拉斯基"

性格篇

坏性格都是"拖"出来的

社交篇

别做朋友眼中的"不靠谱"

健康篇

原来拖延真的会让我得病

学习篇

好成绩靠拼搏，坏成绩源于"拖"

熬夜做作业

—— 通宵是日常，与作业战到天亮

　　我是一个爱拖拉的小学生。每天放学后，我总会习惯性地开始拖延，就是不肯写作业。每天父母的催促都会渐渐转为无奈的叹息，他们知道，无论提醒我多少次，我总能找到各种理由逃避写作业。就算坐在书桌前，当我打开作业本时，不是满脑空白就是思绪凌乱，结果一拖再拖，直到夜深人静时，我还在与作业奋战。灯光下，我揉着惺忪的睡眼，又一次在与拖延的较量中失败了，虽然此时心里充满了懊悔，但是到了第二天我还是老样子。

我有自己的想法

时间还早，再拖一会儿吧！

快写作业吧，不然又要挨骂了！

　　每当我准备写作业时，心里仿佛有个声音在对我说："不急，晚几分钟再开始写作业也没什么关系，还有比作业更有趣的事情。"我告诉自己，经过一整天的学习，需要一段时间让大脑放松一下，于是就磨蹭起来。

　　好不容易提起笔，又想起爸爸妈妈对我的关注与期望，害怕我做错题目被责备，也担心做得太慢被批评，这让我对写作业产生了巨大的压力。在这种矛盾的心情下，我渐渐对作业产生了抵触，于是，拖延成了我应对这份压力的方式。

爸爸，这个题怎么解比较好？

　　作业是巩固知识、提升自我的重要途径。拖延是对自己不负责任的行为，是最严厉的"自罚"，会成为我们成长路上的绊脚石。长此以往，学习效率大打折扣，学习热情逐渐消磨，成绩自然难以提升。熬夜赶作业更是健康的大敌，缩短了宝贵的睡眠时间，导致精神不振，注意力分散，形成恶性循环。更严重者，这种逃避的心态会让我们失去自信，削弱我们面对挑战的勇气，阻碍个人发展，害处是非常大的。

教你怎么办

1 与班里自我管理能力强的同学结成小组，一起做作业。这样既可以互相鼓励、互相帮助、共同进步，也会更有劲头去完成作业。

2 设定一个清晰的作业时间表。每完成一项作业，就给自己一个小奖励。比如活动一会儿或者吃点小零食。这样，你会发现做作业更有动力。

3 遇到不会做的题目，别着急，不妨去做做其他简单的题目，让大脑转换一下思路，回过头再做这道难题。如果还是想不出来，就勇敢地向老师或者同学请教吧。记住，多问，问题就会变得更简单。

学习篇 好成绩靠拼搏，坏成绩源于「拖」

不及时复习

——喜欢临阵磨枪，考前手忙脚乱

　　我经常会"临时抱佛脚"，每当考试临近，我就如同热锅上的蚂蚁，心急如焚，面对满桌的书籍却不知从何下手。平日里，课本对我来说像是书桌上的摆设，除了上课时间，我几乎不翻动它们。放学后，我总是和朋友们疯玩，或者一头扎进电视、游戏的世界，直到夜深人静，才猛然惊醒：哎呀，考试要来了！这时候，我才慌忙翻开那些"久违"的课本和习题册，面对一堆陌生的知识点，只能无奈地摇摇头，心里暗自着急，可也只能硬着头皮上了。

怎么办？怎么看什么都不会啊！

我有自己的想法

急什么？等老师划考试重点吧，不然不是瞎耽误工夫？

就要考试了，咱们一起复习吧？

对我来说，复习就像是一场漫长的旅程，路上布满了无聊和乏味。我觉得复习就是在浪费时间，考试前看看书把考试应付过去就好了。所以，每次我翻开书本，我的眼睛就像被胶水粘住了一样，怎么也提不起精神，更别提集中注意力了。面对那么多的知识点，我就像站在了十字路口，不知道该往哪儿走，有时候还会不自觉地打起盹儿来。于是，拖延就成了我的"好朋友"，它让我暂时逃离了学习的压力，还经常自我安慰："反正老师最后会告诉我们哪些最重要，现在先放松一下吧！"

其实你可以这样做

学习是积累的过程，和水滴石穿是一个道理。

这样的想法大错特错。知识的累积如同细水长流，需要长时间精心耕耘，才能收获好成绩。更深刻地看，学习的真谛不是为了应对考试，而是构筑未来梦想的基石。拖延复习，非但不明智，还是一种自暴自弃的表现，长此以往，将导致知识根基不稳，学习之路越走越窄。更严重时，这种拖延会浇灭我们的学习热情，助长懒惰之风。而考前临时抱佛脚会让我们焦虑与不安，影响考场上的正常发挥。最为关键的是，这种逃避心理如同慢性毒药，侵蚀着我们的成长意志，不利于我们未来的发展。

戒了吧，拖延症

8

1 想要学习好，复习计划不能少。我们可以每天挑个固定时间，像吃饭睡觉那样，准时坐下来温习功课。把复习计划分成一块一块，然后逐项去完成，这样就不至于在考试前手忙脚乱了。

2 学习的时候，环境也很重要。我们要把电视、手机这些"捣蛋鬼"都关掉。在一个安静的环境里学习，效率就会提高了。

3 复习也可以变得很有趣，如果觉得一个人学习好无聊，可以找爸爸妈妈一起复习，互相提问、互相解答，就像玩游戏一样，这样学习就不会那么枯燥了，而且还会更有动力。

学而时习之，不亦说乎？有朋自远方来，不亦乐乎？

学习篇 好成绩靠拼搏，坏成绩源于「拖」

课堂上的逃兵

——有问题就拖着，不敢向老师提问

故事驿站

　　课堂上，我常被"腼腆"所困扰。遇到不懂的问题，总是拖着不肯举手提问。每当老师的目光扫过我，我的心跳就开始加速，可是手却像被冻住了一样，怎么也举不起来。我怕自己问的问题太简单，会被同学嘲笑；又怕问题太古怪，老师会不高兴。于是，我选择了拖延，我总想，这些问题过后可能就懂了。然而这些小问题，慢慢被我抛在了脑后。它们就好像细沙，被一粒粒地累积在心底，渐渐成了阻隔我在学习路上前进的茫茫沙漠。

我有自己的想法

珊珊，你有什么问题吗？

没，没有，老师！

　　我心里总有这样一个想法：大家都在一个教室里听讲，既然同学们能听懂，如果我站起来提问就会成为大家的笑话。也许他们会这样想：这都听不明白？多简单的问题呀，真是太笨了！所以，这时我都会提醒自己：如果我的问题很有必要，为什么没有其他人问呢？一定是我的问题太幼稚了。所以还是不要着急提问了，也许以后就明白了，还是不要在大家面前出丑了。还有，老师会不会觉得我的问题太"另类"呢？一下子问那么多问题她会不会觉得我没认真听讲呢？算了，还是不要耽误课堂时间了。于是，我越是这样想就越没有勇气提问，最终只好选择了拖延和放弃。

敢于提问的孩子，才是最勇敢的。

　　提问不只是一种勇气，也是一种探索精神和求知欲。如果一味地拖延提问，甚至不敢提问，只会让自己失去答疑解惑、增长见识的机会。拖延和逃避并不能让问题消失，反而会让它们像雪球一样越滚越大，最终成为学习和成长的障碍。所谓"学问"就是边学边问，学习的同时不能及时解决问题，也会影响对知识的理解和消化。更重要的是，长期保持这种心态，会让自己逐渐失去自信和挑战困难的勇气。圣人孔子曾经说过："敏而好学，不耻下问"，这在老师们眼中才是真正的求知精神，只有敢于提问的人，才能比别人得到更多的知识。

教你怎么办

1 培养积极向上的心态，时常给自己打气，记住提问是通往智慧之巅的阶梯，它代表着求知与勇气，绝非可耻之事。

2 在家中，不妨预先模拟课堂场景，锻炼举手的胆量。请爸爸妈妈当听众，帮助你逐渐克服羞涩，增强自信。

3 鼓足勇气，在课堂上迈出那重要的一步，从一个简单的问题开始。一旦你克服了心中的顾虑与恐惧，提问就会变成自然而然的事情。

4 保持提问热情，不仅要增加数量，还要在问题的质量上下功夫。让提问成为你学习生活中不可或缺的一部分，助力你不断进步。

学习篇 好成绩靠拼搏，坏成绩源于「拖」

健忘的魔咒

——不是忘带作业，就是上学迟到

　　对于上学这件事，我的身心每天都在经受煎熬。我总是想出各种理由不去学校，甚至连刷牙洗脸都要磨蹭一会儿，结果每次拖到最后时刻，还是会被爸爸妈妈拽到学校门口。此时，我的心里又慌又急，上课迟到了，作业也没完成。我害怕面对老师的责备，也害怕面对同学们异样的目光。然而，无论我怎么拖延，依旧逃不过老师的询问，甚至要编造各种谎言应付，不是"扶老奶奶过马路"就是"忘带作业本"。久而久之，我就成了老师眼中的"问题学生"。

实在不想去学校，能磨蹭一会儿是一会儿。

我有自己的想法

　　我觉得上学是世界上最枯燥的事情。日复一日重复着相同的日程，作业就像一座座大山，让我面临重重挑战。课堂上，老师讲的内容也无法激起我的兴趣，只会让我昏昏欲睡。为了尽可能地缩短待在教室里的时间，我绞尽脑汁，迟到就成了我拖延时间、获得短暂自由的"小把戏"。我认为这样做可以稍微缓解我心中的压力，于是，上学和放学的路上，我总是变得磨磨蹭蹭，这是唯一让我觉得轻松的时刻。至于老师的批评，我一向一只耳朵进，一只耳朵出，难道我就不能有点属于自己的时间吗？

学习篇　好成绩靠拼搏，坏成绩源于「拖」

　　厌学情绪在孩子中非常普遍，装病、故意迟到等现象十分常见，甚至撒谎也成了逃避上学和作业检查的常用手段。这样做，看似是"躲过一劫"，但实际上是在积累更大的问题和麻烦。如果这样的想法和做法长期得不到纠正，不仅会耽误学业，就连性格和品质也会受到极大影响。最终，你会变成一个满嘴谎言、不负责任的人，更不要谈什么前途和理想了。学校是学习知识、培养品质的重要场所，不要把学习当作一种负担，而是一种成长与责任。等到长大之后，当你回忆起那段校园生活时，才会知道：那才是人生中最充实和自由的时光。

教你怎么办

1 我们要从心底转变想法，必须意识到上学其实是为自己搭建成长的阶梯，积累宝贵的知识财富，而不是沉重的负担，更不是枯燥的任务。

2 增强责任感，明白认真完成作业、准时到校，是现阶段最重要的职责。逃避这些，只会显得自己缺乏勇气和担当，是不成熟的表现。

3 遇到学习上的难题或厌倦情绪时，不妨向老师、家人或朋友敞开心扉，他们或许能帮你调整学习步调，发现学习的乐趣，重新点燃你对学校和课堂的热爱与期待。

学习篇　好成绩靠拼搏，坏成绩源于「拖」

贪玩是"恶魔"

——玩时很尽兴，学习"拉饥荒"

　　我的天性就是爱玩，每当放学铃声即将响起，我的心便早就急不可待地飞出了课堂，飞向家的温暖怀抱以及那精彩的游戏世界。而面对作业与复习，我经常视而不见，直至夜幕降临，妈妈生气的催促声才能将我拉回现实。此时，时间已经所剩无几，我只能不情不愿地睡觉，哪还有复习和预习的时间？游戏虽然让人高兴，却让我在学习上"负债累累"，成绩单上的分数就是对我最大的惩罚，每次想起就让人既羞愧又着急。其实，我心里懂得要充分利用时间，但我就是无法控制自己贪玩，因为玩耍更能让我感觉到乐趣。

喂！你的作业还没做呢！干什么去啊？

哈哈，我先去玩了！你们做好给我抄抄就好了。

戒了吧，拖延症

18

我有自己的想法

反正就玩一会，用不了多长时间的……

我的心中仿佛藏着一个"小顽童"，它常在我耳边低语："再多享受一会儿游戏的乐趣吧，学习那么无趣，你还小呢，时间还多。既然还是孩子，那就应该尽情玩耍，释放孩子的本性。"起初，我还偶尔告诫自己，玩耍只是学习之余的休息，是为了让疲劳的头脑放松一会儿，以便更加高效地吸收知识。然而，渐渐地，这样的想法却成了我逃避学习责任的借口。每当我下定决心要投入学习时，那个"小顽童"就会跳出来，扰乱我的心神，让我再也难以静下心来专注于书本。

"我是孩子，就应该玩"这种想法和行为就像一颗思想毒瘤，毒害着你成长的土壤。历史上所有有成就的人，都是在童年抓紧学习，才积累了大量的知识，为将来的成功打下了坚实的基础。学习，也是一场漫长而艰苦的旅行，它需要用坚韧不拔的意志来支撑才能完成，只有一步一个脚印地前行，最终才能抵达智慧的彼岸。放纵贪玩的欲望，不但不能为学习减负，反而如"温水煮青蛙"一样慢慢削弱对知识的渴望与追求，最终的结局只有自我放弃，为失败的人生埋下伏笔。

1 为了让学习更有劲头，我们可以先设定一些小目标，每达成一个就给自己一点小奖励，这样能让学习变得更有意思，更有动力去追求知识。

2 合理安排时间也很重要，把玩的时间、运动的时间和帮忙做家务的时间都规划好，这样既能玩得开心，又能保持健康，还能学会分担家务，做到学习和休息两不误。

3 找几个小伙伴一起学习也是个好办法，大家组个小组，互相帮忙、互相加油，不仅能一起解决难题，还能在比赛中互相激励，让学习变得更有趣，大家都能一起进步。

学习篇　好成绩靠拼搏，坏成绩源于「拖」

成长篇

从有动力拖延到没兴趣

参加活动"不积极"

——错过成日常，遗憾是常态

对于我的兴趣和爱好，一直是妈妈十分注重的事情。为了让我能够全面发展，她为我精心挑选了各种各样的校外课程和兴趣班，并希望通过这样的方式把我的爱好培养得更加广泛。可遗憾的是，自从我加入了这些课程，拖延的习惯似乎越来越严重了，还逐渐养成了迟到和逃课的恶习，这让妈妈头疼不已。因此，我从来没有体验过课外活动里，那些令人激动人心的瞬间，收获也总是与我擦肩而过。因为这件事，老师和妈妈总是与我沟通，可结果却总是适得其反，最后反而让我对那些课外班更加抵触。虽然我明白这些课程很有用，但我就是怎么也提不起兴趣，我究竟是怎么了？

妮妮，今天隔壁王阿姨给她孩子报了一个兴趣班，我觉得挺好，也给你报了一个。

哦

又结束了吗？看来我又错过了……

　　其实，我的心里知道，妈妈这么做是为了我好。但我还是无法控制自己内心的小念头："这些课外班有什么意思，我连一点属于自己的时间都没有，又不能和小伙伴们一起玩耍了，真的太讨厌了！"所以，每次参加这些活动时我都不紧不慢、磨磨蹭蹭，永远都是一副不那么积极的样子。另外，我总担心自己表现得不够好，会被老师批评；我也讨厌和陌生人相处，所以宁愿躲在角落里，也不愿在大家面前展示自己。渐渐地，拖延成了我的习惯，甚至就连自己喜欢的事也会错过，最后陷入深深的遗憾，也许这就是大家说的"习惯成自然"吧。

成长篇　从有动力拖延到没兴趣

终于完成了，好有成就感！

　　每位爸爸、妈妈最大的心愿，莫过于孩子成为自己心中的骄傲。有时，他们"望子成龙"和"望女成凤"的心态过于急切，各种补习班、兴趣班就成了他们的"救命稻草"。虽然父母这样的做法有些盲目，但为了逃避这些课程就采取"拖延战术"的做法更加不可取。这样做，不但影响自己积累知识、学习本领，还容易让自己变得越来越内向，不利于身心健康和成长。积极地参加课外活动，不仅可以接触到很多课堂上学不到的知识，还能认识很多志同道合的小伙伴，大家一起去探索未知的世界，难道不是一件快乐的事吗？

1 试着换个角度看待课外活动，用积极的心态去面对它们，多去感受它们所带来的收获与快乐，这样你会发现原来课堂之外的世界也如此精彩。

2 勇敢地迎接每一个挑战，哪怕会经历失败和挫折，那也是成长的一部分。只有经过各种磨炼，自己才会变得越来越强大。

3 找到真正让自己产生兴趣的事情，并且持之以恒地坚持下去。不妨邀请朋友或家人一起参与，在相互的鼓励和支持下，你会更快地沉浸其中，享受课外活动的乐趣。

成长篇 从有动力拖延到没兴趣

艺术创作"没灵感"

——缺少创作欲望，完成度低

    我的爸爸是一位充满创意和才华的艺术家。因为对艺术的热爱，他对我的未来同样寄予厚望。他希望我能继承他的事业，在艺术领域能有一番更大的作为。但是，我有我自己的爱好，它就在遥远而又神秘的太空，我是一个小小天文爱好者，只渴望能在浩瀚的宇宙中尽情地遨游。爸爸为了满足自己的期望，平时对我要求十分严格，我只好没日没夜地练习画画，这让我感到很疲惫。时间慢慢地过去，我画画的技巧似乎并没有什么长进，却养成了拖延的毛病。每当我看着洁白的画布，脑子里似乎比画布还要干净，于是我就在心里嘀咕着："今天又没灵感了，还是等有灵感再画吧。"

唉，又没灵感了。

我有自己的想法

其实，让我"没有灵感"，甚至拖拖拉拉的原因是我感觉我被爸爸剥夺了自由。我想拥有我自己的爱好，我所向往的都在广阔无垠的宇宙之中，只有天文才能激起我的探索欲望。而我觉得画画真的很枯燥，我没有绘画的天赋，也不能主动思考。每当我看到别人的绘画作品总是那么精彩，我就会感觉更加惭愧，因为我没有那种天赋成为让爸爸骄傲的艺术家。所以，我就常常把"没有灵感"挂在嘴边。这样做有两个好处：一来，爸爸就不会对我感到失望；二来，我就能有更多时间研究我最爱的天文，这就算是我的小反抗吧。

其实你可以这样做

这样的想法是片面的。其实，艺术是一种无声的表达，艺术创作也并非只属于天才，它需要的是后天的努力和坚持。"没灵感"并不是因为没天赋，而是不想为此真正努力和坚持，没有用心去观察和感受生活，自然也就没有灵感进行创作。其实，艺术创作也是一项非常好的兴趣爱好，它可以激发你的想象力，为你打开思想的大门，这对其他兴趣爱好的培养十分重要。所以，请放下你的思想包袱，尽情体验艺术的魅力，你会发现艺术改变了你的眼界，让你变得勇于挑战；艺术使你更加自信，从此变得"灵感"不断，而且脚下的路会越走越宽。

戒了吧，拖延症

30

教你怎么办

1 想要消除心中的抗拒，请尝试把爱好和绘画结合起来，让它成为自己对于爱好的独特灵感源泉。

2 培养观察力，多观察生活中的细节，无论是自然景色还是人物表情，都是创作的源泉。

3 勇于尝试，不要害怕失败，每一次尝试都是一次学习的机会。试着用不同的材料和技法进行创作。

4 积极沟通，寻求反馈。与家人、朋友或老师分享你的作品，听取他们的意见和建议。正面的反馈会给你带来信心，而建设性的批评则能帮助你不断进步。

真是太酷了！

我要用我的画笔，把这美妙的画面永远保存下来！

体育锻炼"看心情"

——锻炼如浮云，运动没规律

　　我是一个不爱运动的小胖子，运动这件事对于我来说，完全就是一件随机发生的事情。如果赶上天气阳光明媚，而我的心情又特别好，兴许才能激发我外出运动的热情。至于运动强度和形式，就全凭当时的兴致而定了：有时我会在家附近跑两圈，有时只是原地踏步，毫无规律可言。而"坚持"这两个字，在我的生活中从来就不存在，"三天打鱼两天晒网"就是最好的形容。如果我不想运动，任凭父母怎么催促我都会当做没听见，拖延战术就是我的"秘密武器"，我会把它变成一场心理"消耗战"。

我有自己的想法

适度运动，快乐成长。

体育锻炼哪有这个舒服，等心情好了再去吧。

　　妈妈总说"身体是革命的本钱"，我却总是左耳进右耳出，对此不以为意。就算是运动也得劳逸结合呀！我觉得每天的学习压力已经够大了，只是偶尔运动放松一下就挺好，何苦每天都要锻炼，那不是给自己找麻烦吗？而且运动又累又辛苦，哪有玩游戏、看电视来得舒服？放着安逸舒适的生活方式不选，干嘛要给自己找罪受呢？因为有了这样的想法，每当爸爸妈妈催我锻炼身体，我总是找各种理由拖延，最后也就不了了之了。但我最近好像越来越胖了，身体素质也越来越差了，这可怎么办？

大夫，孩子总是动不动就胸闷，到底是怎么了？

那是因为他太胖了，坚持锻炼就好了。

　　如果你也有这样的想法和行为，可一定要及时改正。体育锻炼虽然辛苦，但却有很多好处：锻炼不仅能增强体质，更能锻炼毅力，也是培养纪律性和乐观态度的有效途径；规律地进行体育锻炼，可以防止肥胖，提升自身抗病能力；运动还能结交志同道合的朋友，扩大自己的交友圈，让生活充满正能量。运动的好处数不胜数，而把运动看作是身心负担不断拖延，本质上就是懒散。长此下去，不仅不利于身体健康，还会让自己变得意志薄弱，逐渐失去自我管理能力，总之有百害而无一利。

1 定期规划运动时间，坚持规律运动。并划定明确的运动目标，如每天跑步10分钟或每周游泳两次，逐渐感受规律运动带来的益处，改善拖拉的恶习。

2 尝试多接触一些运动项目，找到真正感兴趣的活动，让自己更愿意主动参与，自然激发参与的渴望，让运动成为享受。

3 请家长或朋友做自己的运动伙伴，除了起到互相监督和鼓励的作用外，还能让彼此感受到运动的乐趣。当然也可以适当地增加奖励，这样更能提高锻炼的积极性。

成长篇 从有动力拖延到没兴趣

凡事感觉"没意思"

——热情枯竭，很难调动兴趣

　　最近，我发现我对什么都提不起兴趣，每天都好像在梦游，对任何事都失去了热情。平时最爱看的动画片，还有最爱玩的游戏，全都视而不见，就更别说功课和学习了。我就好像一具没有灵魂的木偶，脑袋里空荡荡的。课堂上，老师的讲解像一首催眠曲，我的眼神总是东看看，西望望，很难集中精力。放学后，朋友们召唤我去踢球，我也提不起劲儿来，觉得干什么都没意思。等到晚上躺在床上时，心里也是空落落的，却又不知道该怎么才能让自己不再这么空虚。

走啊，咱们一起踢球去啊！

没什么意思，你去吧。

我有自己的想法

最近学习下滑严重，要多加留意！

我感觉最近的生活波折不断，学习成绩不断下滑，引来老师与家长的批评；注意力也时常不能集中，不管是课堂内外，都很难专注地学习，思绪就像断了线的风筝，不知道会飘向何处。令人更加沮丧的是，足球赛场上的失利，让我连最擅长的爱好也遭遇"滑铁卢"。这些事情加在一起，让我感觉自己一事无成，世界变得暗淡无光，整个人也失去了前行的动力。渐渐地，我变得孤僻，做事也开始拖拖拉拉，甚至逃避参与任何活动。有时候我不禁会发出疑问：我是不是病了？我到底该怎么办？

贝多芬虽然失去听力，依旧凭借意志改变了命运。这样的事例举不胜举，你还有什么理由不自信？

　　如果你也遇到了这样的情况，一定不要再拖延下去了，重新振作精神可能才是走出阴影的唯一途径。人生难免遇到挫折，信心是最有效的"解药"，拖延和逃避只会让问题不断积累，最终会对身心造成不可估量的伤害。情绪低落也许只是开始，如果发展成心理疾病，将会造成更加严重的局面。所以，要树立信念，不要自我怀疑，永远坚信自己是最棒的，及时释放心理压力是十分必要的。在悠悠的历史长河中，无数先贤都曾经历过巨大的挫折，但是他们都能凭借不服输的精神走出逆境，最终实现逆袭。所以，你也没什么不可以！

教你怎么办

1 及时寻求家长或专业人士的帮助，不要让低落的情绪影响到正常的生活和学习。

2 积极参与群体活动，尝试从其他方面重拾自信，让生活和学习尽快恢复到原来的状态。

3 暂时放下情绪，用运动或者娱乐来转移注意力，直到能够坦然面对挫折接受现实之后，再进行冷静客观地分析和总结。

4 培养乐观心态，学会从挫折中成长，用积极的角度看待问题，铸造能够快速走出阴霾的强大内心。

成长篇 从有动力拖延到没兴趣

做什么都"爱放弃"

——三分钟热血，没法坚持到底

我有一个令人烦恼的小毛病，就是干什么都只有"三分钟热度"，很少能够把一件事坚持到底。每当看到新鲜事物，我总是忍不住想要尝试的冲动。但用不了多长时间，我就会变得懈怠起来，原来热情似火，现在却磨磨蹭蹭，像只慢吞吞的小蜗牛一样。最后这些短暂的爱好都只有一种结果——不了了之，甚至被我遗忘。就拿学钢琴来说，刚开始我兴致勃勃地决定每天练习，当时感觉充满了乐趣。可刚练了一个星期，我就嚷嚷手指疼，然后就再也不肯碰那只琴了。现在，那只琴已经彻底变成了"摆设"，上面已经落了一层厚厚的灰尘。

我有自己的想法

你学过那么多才艺，能不能展示展示？

可是，我一样也不会呢……

　　我觉得坚持做一件事才是对我最大的挑战，或许是因为我到现在还没有找到能让我坚持下去的事情。每当看到别人做起事来得心应手，我就会被深深吸引，总以为自己也能像别人一样游刃有余。然而，等到亲身体验之后才知道，原来想做好这么不容易，于是当初的热情就被消磨了一大半。就这样，喜欢变成了厌烦，热情变成了拖延，拖拖拉拉的作风不经意间就成了一种习惯。久而久之，放弃似乎成了对"心血来潮"的惩罚，但只有这样才能让我远离那些错误的选择，或许最适合的就在后面等着我。

成长篇 从有动力拖延到没兴趣

其实你可以这样做

有志者立长志，
无知者长立志。

这种"三分钟热度"加拖延的行为，实际上是缺乏自我管理和目标意识的表现。这是一种坏习惯，应当及时纠正。这样的做法，不仅会耽误个人成长，让人养成爱放弃的坏习惯，还会让人慢慢失去自律能力，变成难以管束的坏孩子。从长远看，这种思想还会严重影响自信心的建立，导致在学习、生活等方面产生挫败感。其实，并不是这些事情不适合自己，而是缺乏意志和决心，这是让事情变得困难重重的根本原因。抱着这样的心态的小朋友，是不会找到适合自己的事情的。因为，即便是很小的原因，也可能让他放弃，又怎么可能会有成功的机会呢？

教你怎么办

1 为自己定下的每个小目标，或者找一个榜样，他们的成功故事会成为你不断前行的动力，激励你一步步向前。

2 无论做什么，都要努力发现其中的乐趣。如果眼里只有艰难和辛苦，那么再美好的事情也难以持久。只有享受努力的过程，才能让自己坚持到底。

3 找到与你志趣相投的朋友，一起携手前行。朋友的陪伴让旅程不再孤单，相互间的比拼更是激发潜能、追求卓越的绝佳方式。

4 保持一颗永远好奇的心，不断探索未知的世界。深入了解，你会发现更多精彩，也让自己的路越走越宽广。

我终于学会了坚持，真的好有成就感啊！

哇，她弹得好好啊，太帅了！

生活篇

从今天起，不做"拖拉斯基"

被窝里的挣扎

——晚上的夜猫子，白天的迟到客

　　每到晚上，我都会变成一只精神的小夜猫，盯着电视和手机，迟迟不肯睡觉。每当我感到困意袭来，心里却不情愿地念叨着："就再看一集""就再玩一局"。可是，时间怎么会等我呢？它总是悄悄地溜走，最后只剩下我独自一个人懊恼。每天，直到凌晨我才会昏昏沉沉地睡去，而且总是播放着各种梦境。感觉刚刚睡着，清晨刺耳的闹铃就会响起，我只能在被窝里挣扎着逃避着上学的现实，时间一分一秒地过去，我却依旧在和被子纠缠，与起床做着最后的斗争。现在，熬夜已经成了我的一种习惯，迟到也成了"家常便饭"，我到底该怎么办？

哦，知道了……

文文，赶快睡吧。

我有自己的想法

再五分钟，就五分钟……

　　每天闹钟响起的时刻，就是我最受煎熬的时刻。尽管闹钟一次次响起，我的脑海中却只有一个想法："再睡五分钟吧，就五分钟。"我就是想不明白，人为什么要睡觉？也搞不懂上学究竟是为了什么？难道过自由自在的生活，想几点睡就几点睡不好吗？想干什么就干什么不对吗？刚开始迟到时，我的心里又慌又急，害怕老师责备，也害怕同学们异样的目光。可是后来，我就不再觉得这是件丢人的事情，不仅在课堂上睡觉，甚至还编造各种谎言应付老师的教导。慢慢我成了老师眼中的"问题学生"，也是班里学习成绩下滑最严重的人。

其实你可以这样做

　　如果在你的身上也有这样的现象，说明你已经患上了传说中的"熬夜综合征"，它会慢慢毒害你的心灵，甚至毁坏你的身心健康。小朋友正处在成长期，如果长期熬夜，会严重影响身体发育。睡眠不足还会导致第二天注意力不集中，思考能力下降，学习效率低下。赖床也是一种坏习惯，会让人养成拖延、不负责任的毛病。更重要的是，这种生活方式会让人失去自律能力，影响未来学业和事业的发展，造成极大的心理压力。所以，如果你也爱熬夜，现在就应该马上改正，赶快让自己的生活恢复规律。

1 与爸爸妈妈一起制订一个适合自己的作息时间表，不仅要按时遵守，还可以设立合理的奖惩制度，这样既能提醒自己守时，又能让遵守时间变得更有趣。

2 每晚睡前，我们可以进行一些特别的"仪式"，比如读一本好书或者听一段轻柔的音乐，这些"睡前魔法"能让心情变得宁静，帮助你更快进入梦乡。

3 学会用管理的小技巧来掌控时间。只要坚持下来，你就会发现时间被安排得轻松自如了，做事也不再手忙脚乱了，心情也会变得更加平和，不再害怕面对任务和挑战。

餐桌上的马拉松

——吃饭像"吃药"，身体真遭罪

　　吃饭本来应该是一件享受的事情，可为什么对于我来说，偏偏是一件无比受煎熬的事情呢？每次我看着眼前的食物，总感觉它们像苦苦的药片一样，让我难以下咽。碗里的饭菜仿佛成了我的敌人，让我感到非常厌烦。为了躲避吃饭，我总是边吃边玩，或是盯着电视和手机，直到饭菜都凉了，也没吃上几口。有时，哪怕上学就快迟到了，我依旧在"细嚼慢咽"，妈妈急得不停催促，我却依旧如泰山一样稳稳当当不动摇。现在我已经十岁了，但身体依然瘦瘦小小的，在班里永远站在第一排，是一个名副其实的"长不大的孩子"，这让我感到十分苦恼。

快点儿吃，饭都凉了！

知道了，知道了。

我有自己的想法

我在餐桌上的每一刻，都可以用"度日如年"来形容。妈妈口中的"营养宝库"，在我心里，都是水火不容的敌人，什么胡萝卜、西红柿，我都讨厌，还有那绿油油的西兰花等等，一想到这些就让我心生厌烦。相比之下，我更喜欢鲜嫩的鸡肉、鲜美的鱼肉、油滋滋的猪肉，简直百吃不厌。然而，每次在饭桌上，妈妈爸爸总逼我吃那些我不喜欢的食物，所以我就故意拖延着时间，能少吃一点就少吃一点。可没想到的是，渐渐地，我做任何事都快不起来了，这是怎么回事呢？

挑食是不对的，个子长不高都是它惹的祸。

　　俗话说"民以食为天"，吃饭对于小朋友来说是件无比重要的事情，好好吃饭不仅对身体健康很有益处，对身体的发育来说更是事关重大。但是，如果你对吃饭表现出抗拒，甚至挑食，这些都是错误的思想，别拿它们当小事情，未来可能引发相当严重的后果。首先，长期饮食不规律、营养不均衡会严重影响自身的生长发育和身体健康，可能导致营养不良和发育迟缓。其次，这种拖延吃饭的行为还可能引发心理问题，如果不及时改正，将影响未来的学习和生活。此外，拖延吃饭还会让你对食物产生抗拒，长此下去就会厌食了。

1 设定明确的用餐时间，用小闹钟提醒自己，按时坐到餐桌旁，养成良好的就餐习惯，让身体记住吃饭的时间规律。

2 吃饭时，尽量把电视遥控器和手机都收起来，让餐桌变成没有干扰的小天地。安静地享受家人的陪伴，让每一口饭菜都充满温馨，吃得更加香甜。

3 周末时，和爸爸妈妈一起动手做美食，揉面团、切蔬菜，享受劳动的乐趣。把自己参与制作的食物摆上餐桌，这会让你更懂得食物的珍贵，学会感恩与珍惜的同时，还有助于改正挑食的坏习惯。

原来做饭这么辛苦，我以后一定要好好吃饭！

现实版的"小邋遢"

——依赖心理严重，内务杂乱无章

　　我是一个特别喜欢依赖别人的小女孩，无论遇到什么事情，我总是希望有人能帮我安排好一切。在生活中，我总是显得有些力不从心。如果没人帮我清理打扫，房间里就总是一幅脏乱不堪的景象，书包中也是一片混乱。直到现在，我还要别人帮我穿衣和系鞋带。就算是做功课，没有家长和老师的指导，我也会感到手足无措，不知道从哪里开始。一旦让我独立完成什么事，我都会变得慢吞吞的，一而再再而三地拖延，直到有人帮我解决。我的生活就像是被家人悉心照料的小公主，享受着被照顾的幸福，真希望能一直有人替我解决麻烦，那该有多好。

戒了吧，拖延症

54

我有自己的想法

糟糕！鞋带开了，妈妈爸爸不在，我该怎么办？

　　从小到大，我如同温室中的花朵，依赖着爸爸妈妈无微不至地照料。我常想，我还小，需要他们的呵护，长大了自然就独立了。因此，面对杂乱的房间，我习惯性地拖延整理，因为我知道有爸妈会帮我恢复原样。清晨，我也安心地沉睡，因为知道他们会温柔地唤醒我，为我穿衣穿鞋。有时，我甚至幻想：如果能有人代替我上学，那该多好啊；将来，如果有人能代替我上班工作那该有多美啊……虽然，成长的路上需要迈出自己的脚步才能长大，可我不想长大。因为，一旦长大了很多事情就要自己面对，光想想就感到害怕。

生活篇　从今天起，不做「拖拉斯基」

  孩子，你的这种想法和做法，其实是在悄悄地侵蚀自己的独立性和自理能力。长期依靠他人，会让你产生极强的依赖心理，从而失去面对困难和挑战的勇气，以及独立解决问题的能力，在挫折面前变得不堪一击。而且，如果你一旦得不到别人的帮助，往往会变得非常焦虑，以至于会产生一系列身体和心理上的问题。而无休止的拖延不只是浪费时间，甚至还会波及学习，很可能让你错过许多珍贵的瞬间和成长机会，对成长十分不利。更重要的是，这种"巨婴式"的处事态度，会使你在人际交往中失去别人的信任和尊重，最终变得一事无成。

教你怎么办

1 想要变得独立，我们可以从身边的小事做起，比如先从整理自己的房间和书包开始。每天花点时间，让物品各归其位，培养我们独立处理事务的能力。

2 多给自己赞美和鼓励，增强你的自信心，这样会让你更快摆脱依赖心理。

3 面对爸爸妈妈的过度关心，我们要勇敢地说"不"。告诉自己，现在已经是个大孩子了，有些事情需要自己来完成。

4 要勇敢地走出舒适区，去尝试和挑战那些我们从未接触过的新鲜事物。通过不断地挑战自己，我们的心理承受能力会变得更加强大，也会变得更加独立和坚强。

宝贝，你的鞋带开了，我给你系上。

妈妈，我长大了，我自己能行！

生活篇 从今天起，不做「拖拉斯基」

"等等党"的口头禅

——还没准备好，请先等一下

　　小伙伴们给我起了一个外号，大家都叫我"等等"。之所以有这样的外号，就是因为我做任何事时都喜欢先说"请等一下"。在日常生活中，哪怕是非常小的事情，我都会找到理由，让大家等一等，可能是做作业时，也可能是准备出门时，还有可能是收拾房间时，总之随时随地都要"等一等"。我做任何事都觉得还差点什么，好像永远没有准备好一样，所以我变得越来越焦虑。别人都说这叫"强迫症"，我对此却不以为意。现在，就算妈妈或者老师催促我时，我也会习惯性地对她说："再等一会儿嘛！"

宝贝，快点收拾啊，要迟到了！

再等一会儿嘛！

我有自己的想法

考试还有10分钟结束，请注意时间。

我还没有答完，等一等呀！

真想不明白，反正早晚也会做，他们为什么那么着急，就不能再给我一点时间准备吗？其实，有的时候我也很想快一点，但偏偏越想快，就越怕遗漏什么，动作就会变得越慢。如果事情做快了，我就会既顾虑这又顾虑那，最后陷入犹豫不决和优柔寡断的漩涡里面。有时我还会失去判断力，出现"选择困难"的情况，这也想要那也想要，最后陷入纠结难以决断。就这样，我在别人眼里成了一个磨蹭的孩子，但是我觉得只有慢一点，才能感觉安心。况且，我自己的时间就应该我自己说了算，难道不是吗？

其实你可以这样做

　　这种"等一等"的心态是拖延症的典型表现，真的要不得。导致这种情况出现的原因有很多，有的是因为"疑心"太重，总感觉哪里遗漏了什么，因此把精力都集中在了某件事上，结果导致后面的事情都无法继续，久而久之就养成了拖拉的毛病。还有的小朋友不懂得取舍，贪心让自己陷入了"选择困难"，这种爱纠结的毛病，也会让自己做事不够果断，焦虑的情绪也会扰乱思考的逻辑。久而久之，这种心态下会导致学习效率低下，成绩下滑，最终演变成越拖越不想做，越不做越焦虑的恶性循环。甚至，某些心理素质差的小朋友还会出现自卑和抑郁情绪，对身心健康非常不利。

戒了吧，拖延症

教你怎么办

1 树立自信心，自己的事情自己完成，做一些力所能及的家务，比如简单的饭菜和清洗衣物，逐渐树立自己独立完成事务的信心。

2 培养决断力，从小事开始锻炼自己的决策能力。比如每天穿什么款式和颜色的衣服，戴什么样的发卡、帽子等等，逐渐摆脱"选择困难"。

3 学会征求和采纳意见，当自己无法决断和怀疑时，及时向家人、老师或同学寻求建议并积极采纳，这也是让自己摆脱拖拉的很好途径。

生活篇　从今天起，不做「拖拉斯基」

没有头的苍蝇

——平时疏于规划，做事毫无目标

我是个做事很"随性"的小朋友，凡事从来就没有规划的习惯。作息没有规律，想几点起就几点起，想几点睡就几点睡。什么锻炼计划呀、学习计划呀，根本都没听说过，想起来就做，想不起来就拉倒。早上醒来，我总是胡乱地往书包里塞着课本，到了学校才发现竟然作业忘在了家里。放学铃声一响，我就急着往外冲，功课什么的总是拖到最后一刻才匆忙赶工，胡乱应付一下就算大功告成。到了晚上躺在床上，这才想起还有很多重要的事情没做，想了想还是明天再说吧，结果第二天又是重蹈覆辙，从来就没有改正过。

戒了吧，拖延症

我哪知道，做到哪算哪！

控制器你多久能完成？

咦，难道做事前还得有个"计划"吗？我的世界里，这两个字几乎不存在，我从来都不知道计划有什么用处。我的原则很简单：学累了，就尽情玩耍；玩累了，就安心入睡；睡饱了才有精力，没有精力怎么玩得开心？生活只要快乐就好，何必把自己限制在条条框框里？真想不明白为什么做事要想那么多？我觉得计划永远也赶不上变化，定了计划也没用，每一次还不都是临时赶工。所以不如"随性"一点，做事全靠心情和记性，那样才是真正的自我放松。

生活篇 从今天起，不做「拖拉斯基」

其实你可以这样做

很多小朋友的心里都有这种"计划无用论"，看似很有道理，但实际上是非常有害的想法。不管是学习还是生活，每一件事都要有先后顺序，每一个步骤都有轻重缓急，这就需要区分出优先级和顺序，才不至于本末倒置，也能更好地利用时间。否则所有的事只会有一个结果，那就是被拖延到忘记。拖延的危害必须被重视，它只会让问题堆积如山，最终导致更大的压力和挫败感，让你丧失时间管理能力，严重阻碍自身的成长。历史上没有一个成功的人是凭偶然的运气，成功往往只属于那些有准备和有计划的人。

教你怎么办

1 要养成自律的好习惯，可以从制订小计划开始。每次做事前，先列出简单的步骤，然后一步步去完成，坚持下来，并根据情况慢慢调整计划，让它更完美。

2 找几个小伙伴组成团队，大家互相监督，一起努力。还可以设定小目标，达成后给彼此奖励，这样每次进步都会超有成就感。

3 面对诱惑，比如电视、手机和平板，要学会说"不"。远离它们，让心思更集中，这样做事才会更专注，效率也会变得更高。

生活篇 从今天起，不做「拖拉斯基」

性格篇

坏性格都是"拖"出来的

爱找借口的"怕事鬼"

——遇事理由千千万，谎话连篇行动难

我有一个别人没有的"特长"，那就是特别会找理由。尤其是别人要我做不想做的事时，我总能找出各种理由和借口拖延。比如妈妈让我去倒垃圾，假如我不想去，我就会说："我一会儿再去，动画片就快要开始了。"再比如，爸爸催我写作业时，如果我不想写，我就会说："哎呀，我得先找支好用的笔，这支笔坏不太灵了。"然后磨磨蹭蹭地拖延时间；还有，假如老师让我把黑板擦干净，我就会装模作样地说："老师，我今天身体很不舒服，能不能明天再擦？"慢慢地，我发现再也没有人让我做这做那了，我是该高兴呢？还是该难过呢？

作业写完了吗？

快了快了，等我找到好用的笔就写完了！

戒了吧，拖延症

68

我有自己的想法

那我呢？

红红你去打水。

乐乐你负责搬桌椅。

冰冰你去扫地。

等你嗓子好了再说吧！

似乎在别人眼里，我是个理由成堆、谎话连篇的人。但我从不在意这些看法，因为我也只是想用"善意的谎言"来避免做自己不喜欢的事，这样总比直接拒绝又什么都不做要好得多吧。我又没有伤害别人，只是希望为自己争取一点自由的时间，或者让别人来帮忙，这难道有什么错吗？可是，为什么大家越来越疏远我，甚至孤立我，这让我感到很难过。我觉得，那些孤立我的人，应该学会多考虑考虑别人的感受，他们太斤斤计较了。况且，古人也说过"己所不欲，勿施于人"，他们自己都不愿意做的事，凭什么硬塞给别人，简直太自私了！

其实你可以这样做

有这样的想法，真的很危险。人与人相处，最大的基础就是相互信任，担当与责任感是赢得别人信任的重要品质，而拖延和逃避是难以让人对你产生信任的，只会降低你在他人心中的威信。另外，随意用借口和谎言搪塞和推脱是不顾及他人感受的做法，虽然它并不会让人直接损失财富，却会因此为家庭、团队和集体带来困扰和不便。如果是力所能及或者有益集体的事情，这种做法显然是缺少大局观念的表现，别人都在付出而你却找借口拖延和逃避，难免会引起别人的不满。所以，如果出现这样的情况，并不是别人孤立你，而是你的行为孤立了你自己。

戒了吧，拖延症

70

教你怎么办

1 学会反思，每天回想一下今天自己是怎么做的。看看有没有产生懒惰的情况，或者有一直拖着的事情没做。如果发现了，就想想明天可以怎么做得更好，让自己变得更棒。

2 和别人相处时，要保持诚实，不说谎也不找借口。参加集体活动时，要积极参与，这样大家才会觉得你既可靠又友好，摆脱"不靠谱"和"不合群"的标签。

3 遇到问题时，要勇敢地面对挑战，不害怕，不退缩。主动站出来承担责任，和朋友们真诚地商量对策，一起找到解决问题的好办法。这样，不仅能学会解决问题的方法，还能让友谊更加深厚。

性格篇 坏性格都是「拖」出来的

71

令人头疼的"慢性子"

——什么都嫌麻烦，做起事来慢吞吞

　　虽然我的年龄还很小，但我却是个"麻烦制造者"，不是因为我喜欢调皮捣蛋，而是因为不管遇到什么事我都嫌麻烦，做事总是慢半拍。比如，每次妈妈让我收拾房间，我就会在心里犯嘀咕："这么多东西，整理起来多麻烦啊！"于是，便一拖再拖，直到房间乱得没处落脚才不情不愿地开始收拾。每当老师布置作业时，我的心里也会偷偷地想："作业好多啊，写起来真麻烦，晚点再做吧。"于是开始拖拖拉拉，结果不是忘了就是写到很晚。真是想不通，为什么有这么多麻烦事要做，难道就不能简简单单地生活吗？

> 这么乱，怎么不收拾一下？

> 哎呀，太麻烦了，以后我再收拾。

戒了吧，拖延症

72

我有自己的想法

其实，我的心里深深地知道，拖延确实是个不好的习惯，但每当面对那些"麻烦事"，我的身上就好像飞来一座座大山，压得我喘不过气来，面对压力我只好望而却步。我觉得每天都要洗漱好麻烦，每天都要整理书包也好讨厌，还要上学和放学，真的是太烦了！还要吃饭、睡觉、写作业，感觉天天都有那么多事要做，简直麻烦透了。难道生活就不可以简单一些吗？躺在那里看好看的动画片，吃好吃的零食该有多惬意啊！后来我发现，只要我拖一拖，那些麻烦事就会有人去做，所以拖延就成了我的法宝，完美地解决了我的困扰！

性格篇 坏性格都是「拖」出来的

其实你可以这样做

　　"嫌麻烦"其实就是懒惰，这实际上是一种自我设限的表现。因为害怕面对挑战，害怕付出努力，所以才选择用拖延来逃避。这种想法的错误在于为了逃避责任而自欺欺人，这样的孩子会把拖延当做解决"麻烦"的手段，最终自己却失去了挑战和提升的机会。这种小朋友会把任务视为负担，而不是成长的机会，暴露出缺乏自律和解决问题勇气的弱点。长此以往，自己的信心会被严重削弱，焦虑和失败感会越来越强，不利于身心发展。只有正确认识拖延的危害，培养积极应对挑战的态度，才是突破一切困难的关键。

戒了吧，拖延症

74

1 要学会换个角度看问题，把那些让人头疼的"麻烦事"变成成长的阶梯。不要害怕它们，而是把它们当作锻炼自己、变得更强大的机会。

2 可以从身边的小事做起，比如主动承担一些家务或整理自己的房间。在劳动中，我们会发现快乐原来就在这些看似平凡的事情里。

3 为了让自己变得更好，请务必做到自我督促。给自己设定一些小目标，并定期检查自己的进步。当我们做得好的时候，要记得给自己一些奖励；如果做得不够好，也要勇敢地面对，并找到改进的方法。这样，我们就能不断提高自己的自我效能，成为更好的自己。

性格篇 坏性格都是「拖」出来的

爱分神的"小迷糊"

——琐事尽缠身，正事终难成

　　我总是容易因为各种各样的琐事分心，注意力就像风中的蒲公英，飘忽不定。每次，我刚刚翻开作业本，注意力很快就会被窗外的鸟叫声吸引；在课堂上，别人正在专注地听老师讲课，我却总是把桌上的橡皮擦当成新奇的玩具，不停地把玩；还有时，我是一个不懂拒绝的"老好人"，对于别人的请求，我都是有求必应，哪怕我自己的事情还没有做完。就这样，我的精力都花费在了这些琐事上，重要的事情总被拖到最后，直到时间所剩无几，这才手忙脚乱地开始赶工。你们说，我的问题到底在哪里？

我有自己的想法

先别写作业了，我买了新足球，咱们去试试！

好，马上来！

　　我的精神，就像无数个岔路口一样，无法集中。虽然我也知道这并不好，但我也控制不了，于是一直也没有办法改正。每次，只要听见别人说："先放松一下吧，反正时间还有很多。"我就会觉得特别有道理，于是就把功课晾在一边，做别的事去了；有时，窗外也会发生一些有趣的事情，把我的注意力吸引到教室外面去，课堂里枯燥的内容根本不能让我集中精神；而且，我很讲义气，别人找我帮忙，不管大事小情我都"来者不拒"，所以我自己的事情老是完不成。现在，没做的事情越来越多，我感觉压力好大，索性干脆拖着不做，于是就选择了"摆烂"和"躺平"。

其实你可以这样做

老师，我感觉脑子好忙，却一事无成，到底该怎么办？

不要受外界干扰，先让自己静下来。

　　精力难以集中、不懂得拒绝别人。表面上看，这些都不是什么大问题，但其实它们的危害一点也不小。注意力不集中容易造成做事拖沓，它不仅让学习成效大打折扣，更在无形中让人被动养成很多恶习，比如做事拖拖拉拉、没有常性、没有大局观、喜欢推卸责任等等。更严重的是，这种心态会消磨人的意志，在挑战面前缺乏毅力和决心，最终导致一事无成。有时候，对于朋友的建议和求助也不要盲目答应，要分清楚轻重缓急和是非对错，不能让"老好人"思维捆绑了自己，这样有可能坑了别人也害了自己。

戒了吧，拖延症

1 在课堂上，试着将注意力集中到老师所讲的内容中，让好奇心转变成求知欲；在家里，尽量在安静、没有外界干扰的环境中学习。

2 制订清晰的每日计划，把一件事分解成小事去做，每完成一件就给自己一些小奖励，激发自己的主动性。

3 增强自我控制力，通过冥想、深呼吸等训练，提高自身的专注力和自我控制能力，增强自律性。

4 学会拒绝，增强是非判断力，摆脱"老好人"思维，要敢于说"不"。

你们先去吧，我要先完成作业，不然又要熬夜了。

性格篇 坏性格都是「拖」出来的

言行不一的"两面派"

——语言上的巨人，行动上的矮人

　　我是个行动上的小蜗牛，嘴巴却快得像风。在我心里，想要做的事有一大堆，可是每次都是嘴上喊的口号比谁都响亮，可一到真正行动的时候，就开始找各种理由拖延。妈妈叫我整理房间，我会很爽快地答应："好嘞，马上去！"结果却还是沉迷在动画片的情节中，不能自拔。朋友约我一起去跑步，我满口答应："明天一定到！"可到了第二天，又准会找借口说："哎呀，昨天学习得太晚了，今天得休息一下。"你们说这样的我，是不是真的很让人讨厌呢？

我有自己的想法

其实，我心里很清楚，我的那些承诺都是随口应付，说到都不一定做得到。反正过段时间他们也就慢慢地把这件事淡忘了，不就是晚点儿做吗，能有什么大关系？更何况，即使我不做，总有别人去做，反正我已经口头答应了，怎么也有一个好态度，总不至于因此而责怪我吧？我常常这样想想：只要不给别人添麻烦，偶尔偷个懒也没关系。况且，那些事情也不一定非要我做不可，别人多做一点又不会怎样。我这样的方式，既能避免眼前的辛苦，又能保持表面的和谐，你们说我聪不聪明？

其实你可以这样做

信任是不存在"延时满足"的，做出承诺的事情就要积极承担责任，看似只是"慢半拍"，但在别人眼中，你早已成了"说话不算数""说一套做一套"的人了，从此被打上了"不靠谱"的标签，实在得不偿失。在中国历史上，有很多说到而没做到的例子，他们都是因为缺乏行动力和责任感，而失去了别人的信任。如果让这种情况继续，会让自己陷入无休止的焦虑和自我怀疑，很容易产生不良的情绪和心理。这种行为也不利于培养优秀的品质和社交能力。一定要记住，真正的聪明是勇于担当。

1 每当想要违背承诺时，都要及时提醒自己，诚信是宝贵的品质，必须要"说到做到"，这样才能赢得他人的信任和尊重。

2 为了更好地改正自己的不足，可以主动向身边的家长、老师和同学求助。请他们成为监督者，时刻提醒自己要言行一致，积极行动，不做那个只说不做的"矮人"。

3 为了培养责任感和诚实的做事态度，应该养成凡事积极行动、不拖拉的好习惯。同时，要避免随意应付甚至撒谎找借口的行为。积极参与社会活动也是一个不错的选择，如植树活动、公益服务等，通过实践能感受责任的重要性，从而更加珍视并践行诚实的做事原则。

问题面前的"懦弱者"

——无法树立决心，永远明日复明日

今天早晨，我不小心又迟到了，面对老师的严肃批评，情急之下我想都没想，又一次脱口而出："我下次一定改"。没想到，这句话意外引发了全班的笑声，顿时让我感到无地自容，我心中充满了困惑与尴尬，不知道为什么大家会笑话我。后来，经过反复思考之后我才意识到，同学们的笑声并不是对我的鼓励，而是对我拖延改正错误的嘲笑，也是对我每次只许诺而从不改正的调侃。老师对我似乎也越来越失望，她只是示意让我回到座位上，无奈地摇了摇头，好像在说："哪有那么多下次呢？"

戒了吧，拖延症

84

我有自己的想法

也不是什么大错误，以后有的是时间改正。

人们总说"人非圣贤孰能无过"，谁还没有点儿小毛病呢？况且，古人还说"知错能改，善莫大焉"，意思是只要勇于承认错误，就是最大的善良。况且我还积极表态改正，难道这不应该值得鼓励吗？为什么大家还要笑话我，我感觉真是太莫名其妙了。就算我没能真正改掉这些毛病，也不是什么大不了的事情吧，我的本质又不坏，何必这样针对我呢！本来也不是什么大毛病，被训斥几句也就过去了，改不改就那么重要吗？而且我总认为：改正这些习惯的过程真的太难熬了，只要嘴上应付一下应该就行了，所以压根我就没想真的改正。

性格篇 坏性格都是「拖」出来的

85

不是所有错误都会有第二次改正的机会，所以要倍加珍惜。

我懂了爷爷，有错误莫拖延，这才是好孩子！

认错本来是一种积极的行为，但仅仅认错而不付诸实际行动去改正，认错的本身就失去了意义。长期抱有这种思想，可能会导致产生自我放纵的心态，是对自己成长最不负责任的想法。另外，这样的行为也会损害自己的人际关系，因为如果想真正地得到他人的原谅和接纳，就需要让对方感受到你正在为了改正错误而努力，而"光说不改"的人，在别人眼里怎么可能有信誉可言呢？另外，面对别人的质疑时，改正也是最好的"回击"，而并非"不服气"，因为逃避问题是软弱的表现，那样才会让人瞧不起。

1 重视并勇于改正错误,最难的不是承认错误,而是坚持改正错误,承认只是第一步,而改正才是最终结果。

2 对于错误保持行动力,为自己总结一个"错误改正计划",通过实际行动来展示自己改正的决心。

3 不断反思,实时调整和修改自己的改正计划,直到找到有效的方法为止。

性格篇 坏性格都是「拖」出来的

社交篇

别做朋友眼中的
"不靠谱"

约会向来"不守时"

——约会总是迟到，天生出门困难

朋友们都说我是个"不靠谱"的人，老师对我的评价是"散漫"。其实，我是个不想受约束的人，我只是不愿意被时间所束缚，所以每次和朋友们约会，我总是姗姗来迟的那个人。有时候，我会因为一些小事而迟到那么几分钟，但有时候却会让大家等上好一阵子。起初，朋友们都很有耐心，但慢慢地，他们也开始有些不高兴了。特别是那次，我让一个朋友在太阳底下等了我整整一个小时，那次他真的生气了。后来，为了道歉，我特意请他吃冰淇淋，他这才原谅了我。

戒了吧，拖延症

我有自己的想法

我心里总有一个念头：大家都是朋友，偶尔的迟到一小会儿并不会影响我们的友情。谁出门不想打扮得漂漂亮亮的？总要带齐东西，准备妥当了再出门吧。况且，每次迟到我都有合理的理由，路上的交通、天气状况，这些因素也不是我能左右的，难道就不能理解一下我吗？就算是我起床晚了，迟到一会，也是情理之中，谁还没个疏忽的时候呢？如果就因为这些生气，是不是有点太小气了，还要我主动向她们道歉，真是没天理。算了，谁让我们是朋友，那我就表现得大度一些吧。

守时是一种基本的礼貌和尊重，它代表你对别人的重视和承诺。不管你有什么理由，也不管你的理由有多么合理，频繁的迟到都会降低你在朋友心中的好感，还会破坏你们之间的感情。偶尔的迟到，或许还可以用道歉来挽回，但友情的基础是互相诚实和珍惜，光靠物质补偿是长远不了的。如果这种不守时的习惯得不到及时纠正，未来还会影响学习和工作，令你错失更多宝贵的机会，也会让同事和领导对你失去信任。一定要记得：时间是最宝贵的东西，珍惜自己的时间，也就是在珍惜别人的时间，更是珍惜你们之间的友谊和关系。

教你怎么办

1 在和朋友约会前，一定要提前检查好自己的小背包，重要的东西都要先准备好，以免出门时丢三落四。

2 出门前，先观察一下外面的天气和路上的交通情况。尽量提前出门，这样就算在路上遇到堵车、下雨等特殊情况，依旧能够保证准时到达。

3 为了防止自己忘记约会时间，可以为自己准备一个"提醒助手"。手机和闹钟都是不错的选择，还可以悄悄告诉妈妈或爸爸帮忙提醒，这样我们就肯定不会错过和朋友的快乐时光了！

丽丽居然没迟到，还比我们先到了！

嘿，这次是我先到了，以后就让我等你们吧。

社交篇 别做朋友眼中的「不靠谱」

消息回复"不及时"

——拖延回复信息，朋友渐行渐远

朋友们总说我有个不好的习惯，就是回复消息特别慢。有时候朋友们发来信息，我常常看完就放在一边了，心里想着"等一会儿再回复吧"，不一会儿就把回消息的事情忘得一干二净了。就像上次，林林发来消息邀请我第二天一起踢球，我回复说："稍后给你消息。"但是一晚上过去了，林林始终都没有收到我的回复信息，他十分生气，一连好几天都没和我说话。有时候我会沉浸在游戏或者动画片里，经常错过老师发的通知信息，不是没写作业就是没按要求带东西，于是我成了班里服从性最差的"反面典型"。

我有自己的想法

> 不用那么快吧，再等一会儿，会显得我很忙。

　　我始终觉得，发来的消息都不是什么着急的事情，等会再回复也来得及。这和拖拉又有什么关系呢？而且，我总有一个顾虑，那就是如果每次我都回复得很快，别人会不会觉得我不够忙？假如晚一些再回复，他们一定会觉得我人缘太好了，总有回复不完的信息。可能这就是我的小小虚荣心吧，总想让这些消息在屏幕上多待一会儿，我就能获得更多的成就感。反正，只要最后回复他们就行了呗，至于什么时候回复，那就得看我的时间和心情了。但奇怪的是，我最近收到的消息越来越少了，我开始琢磨，这究竟是什么原因呢？

其实你可以这样做

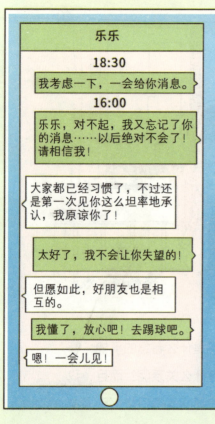

乐乐

18:30

我考虑一下，一会给你消息。

16:00

乐乐，对不起，我又忘记了你的消息……以后绝对不会了！请相信我！

大家都已经习惯了，不过还是第一次见你这么坦率地承认，我原谅你了！

太好了，我不会让你失望的！

但愿如此，好朋友也是相互的。

我懂了，放心吧！去踢球吧。

嗯！一会儿见！

及时回复是一种美德，也是个人诚信和对他人关注的最好证明。长期拖延回复别人的信息，会让对方产生不被重视的感受，甚至有被故意忽视的错觉，这都会严重影响你的信誉，还可能让你错失许多重要信息和机会。最糟糕的是，因为这种行为，有可能给别人留下"没有责任感""不信守承诺"等印象，这是个人成长中的最大障碍之一，所以一定要尽快改正。

教你怎么办

1 养成及时回复信息的好习惯，不要找各种小借口来拖延，防止事后遗忘，更显得对对方重视。当你能及时回复别人的消息时，他们会感到被重视，心里暖暖的。

2 适度地使用工具来提醒自己，利用手机或电脑的提醒功能，针对重要消息设置回复提醒，确保不会遗漏回复。

3 如果确实因为某些原因无法及时回复，提前告知对方，保持沟通的透明度和诚意。如果回复晚了要第一时间向对方做出解释和说明，以免引起误会，留下不好的印象。

妈妈

宝贝，晚上想吃什么？

您好，我现在不在手机旁边，有事请拨打电话或等待稍后回复。

社交篇 别做朋友眼中的「不靠谱」

团队里的"拖油瓶"

——一人拖拖拉拉，全队节奏"拉胯"

　　我总是团队里最"悠闲"的那个人，不管时间多紧迫，我都会像蜗牛一样慢吞吞地。比如排练节目时，每次我都是最后一个才背好台词，根本不知道什么叫着急，每次上台都需要台下的人给我提醒；课堂上，很多情况下都需要分组协作，然而无论谁跟我一组，到最后一定是最后一个才完成；参加兴趣班也是"三天打鱼两天晒网"，从来没有完整地参与过一次活动。渐渐地，再也没人愿意与我组队，都把我当作他们的"拖油瓶"，这该怎么办才好呢？

我有自己的想法

你怎么一个人植树？你的搭档呢？

　　关于"慢"这件事，我有自己的小思考。我觉得既然是团队合作，就要能者多劳，如果其他人多分担些，我就能轻松一点。如果任务都让我做了，那他们不就没事做了吗？而且，假如没有我，这些任务还是要靠大家完成的，有没有我都一样，况且也是为了让他们多多锻炼。此外，我还有一个顾虑，那就是假如我做得不够好，别人会不会埋怨我，这会让我很难过。所以，面对那些"费力不讨好"的事情，我总是不自觉地拖延，反正任务能完成就可以了，我做不做也没那么重要。

社交篇　别做朋友眼中的「不靠谱」

其实你可以这样做

对不起，我错了！

　　这样的想法真的很"要命"，损人利己的思想真的不能有！这种思维，严重忽略了团队合作的重要性，不仅仅是懒惰的表现，更是缺乏大局观和集体荣誉感的表现。在团队合作中，分工协作、合作共赢才是根本目的，我们应该从中体会和学习到团队的力量。为了自己偷懒而拖慢整个团队的进度，实际上是自私自利的最直观表现。每个人的时间都是值得珍惜的，拖延不仅影响团队效率，更损害了团队的凝聚力。这种行为必定会让你会失去别人的信任和支持，成为被孤立的人，总有一天会对身心造成更为严重的伤害和打击。

教你怎么办

1 改变心态，在集体活动中，每个人的付出都是有意义的，不要以工作量的大小和轻重互相攀比。如果要攀比也是比谁干得多、干得好，比谁的贡献大，而不是比懒惰。

2 保持与其他成员的积极沟通，当遇到困难或不确定时，及时与团队成员沟通，共同寻找解决方案，不要拖着自己解决浪费大家时间。

3 认识到自己在团队中的角色和责任，主动承担任务，展现你的价值和可靠性，逐步培养责任感。

4 定期向老师和同学寻求反馈，了解自己的不足，并努力改进，做到"有则改之，无则加勉"。

社交篇　别做朋友眼中的「不靠谱」

爱脸红的"胆小鬼"

——胆小又自卑，经常错失表现机会

我是一个有点害羞和内向的女孩，每当学校里组织文艺表演或是各种比赛时，别人都是踊跃报名，我却悄悄地躲在人群的后面，心里好像藏了一只慌张的小兔子，怦怦直跳，脸上写满了大大的"紧张"。虽然我很喜欢跳舞，而且在家里偷偷练习了很久，但每次一到报名的紧要关头，我还是会害怕地退缩。就这样，我一次又一次地错过了站在舞台上向大家展示自我的机会。慢慢地，我好像变得不那么容易被大家注意到了，就像一个"小透明"一样，游离在别人的视线之外。

我有自己的想法

听说学校马上要组织文艺汇演了，真是不错的好机会。你准备了什么才艺吗？

没，没有，我什么都不会……

　　我不太确定自己的想法是否正确，但我心里总有个声音告诉我：保持低调才是保护自己不受伤害的好方法。想象着周围那么多双眼睛在看着我，万一我做错了什么，该怎么办？如果我表现得不够好，那该多难为情啊！所以我想：只要我不主动去做那些可能会出错的事情，我就不会出丑；只要我不随便发表意见，我就不会说错话。我害怕成为大家关注的焦点。所以，即便我其实有很多才艺，我也选择藏起来。每当我有了展示的冲动，我就会用拖延来做"挡箭牌"。渐渐地，我在别人眼中就成了一个没有什么"特长"的普通女孩。

其实你可以这样做

下周，学校要组织歌舞比赛，获奖的同学会入选班级文艺委员，有谁想参与吗？

老师，我觉得我可以……

　　孩子，你的"腼腆"正在悄悄阻碍你的成长。当众表演会紧张是正常现象，但那不是逃避和拖延的借口。即便在展示才艺的时候出现失误也是再正常不过的事情，敢于展示自我就已经是了不起的事情，只要肯努力就是大家的榜样，所以没必要因为那些"小瑕疵"而耿耿于怀。错过才是人生最大的遗憾，因为你的放弃，辜负的是无数个日夜的艰苦训练，以及老师和家长的良苦用心。在人才济济的社会中，只有敢于表现，不断精进的人才有机会被伯乐发现。机会稍纵即逝，实在容不得半点拖延。所以勇敢些，大胆展示自己，让整个世界都知道你很厉害，现在就让他们对你刮目相看！

教你怎么办

1 从最简单的事情开始尝试，逐步提升勇气。比如在课堂上主动回答一个问题，然后逐渐增加难度。

2 积极心理暗示：每天坚持对自己说："我可以做到！"给自己正面的鼓励和信心。

3 参与集体活动：积极参加学校的集体活动，如运动会、联欢会、志愿者服务等，这些都能帮助自己建立自信，练习胆量。

4 记录成长：准备一个日记本，记录下每一次尝试和进步，见证自己的成长历程，并和家人及亲朋分享。

社交篇 别做朋友眼中的「不靠谱」

105

孤僻的"慢行者"
——严重社交恐惧，朋友一个难寻

　　我是个习惯独来独往的小朋友，这样的性格让我变成了一个"孤僻"的人，所以我的朋友很少，做什么都是一个人。接触新环境和陌生人是最让我紧张的事，甚至我会头脑混乱、语无伦次，所以对于社交，我总是想尽办法推脱和拖延。如果有人主动和我打招呼，我会变得手足无措，心里想的是："等我找到合适的话题再去回应吧"，结果不知不觉就摆出一副冰冷而纠结的表情，让人对我产生距离感。每到课间休息时，同学们都会三五成群地围在一起聊天，只有我躲在角落里，显得那么格格不入。

我有自己的想法

> 我哪有，我只是慢热而已……

> 别和他说话，冷冰冰地看不起人。

其实，我并不是故意拖延回应，也不想故意和别人保持距离。只是因为我的"慢热"经常让别人觉得我很傲慢。因此，在我心里逐渐产生了"社交恐惧"，我开始选择逃避社交，那样就不用再面对那些让我紧张的场景。我总是默默地告诉自己："如果我就这样保持安静，就没人会注意到我，我就不会陷入尴尬的处境。"可事实上，我知道这样做只是自欺欺人，我是害怕走出舒适圈，也害怕被人拒绝，更害怕在别人面前暴露自己的缺点。所以，我宁愿始终一个人，也不愿先伸出手去主动和别人交朋友。

其实你可以这样做

我叫聪聪，很高兴认识你！

原来你并没有那么不好相处，我也很高兴认识你！

　　你的"社交恐惧"正悄悄地在你心里筑起了一道墙，让你成为"与世隔绝"的人。社交慢热，其实也是一种拖延和逃避，它不仅限制了你的社交圈，更影响了你的自信心和成长。尤其是别人主动伸出小手，向你抛出橄榄枝的时候，你表现出的犹豫和惶恐对别人也是一种伤害，所以不如大胆坦诚地接受。如果有人主动和你交流，大方回应才是正确的做法，这同样是一种锻炼。否则长此以往，你会发现自己越来越难以融入集体，甚至可能产生孤独感和自卑感。勇敢并不是不会害怕，而是即便害怕也会坦然面对。勇敢接受新朋友吧，他们会是你童年美好的回忆，也是最宝贵的人生财富。

戒了吧，拖延症

教你怎么办

1 可以从最简单的社交开始练习，比如对遇见的人微笑、轻轻点头或者说一句"你好"，这样的小互动能慢慢让我们的胆子变大起来。等习惯了这些，就可以尝试更多一点点地交流，一步步让自己变得更加勇敢。

2 要勇敢地多参加各种活动，不要害怕在大家面前说出自己的想法和建议。这样，别人才会注意到你，你就不再是那个总是躲在角落里的"小透明"了。

3 学会沟通也很重要，掌握好说话的技巧，会让自己看起来更自信，这样大家会更喜欢你。

社交篇 别做朋友眼中的「不靠谱」

健康篇

原来拖延真的会让我得病

重度强迫症

——有一种拖延叫"害怕不完美"

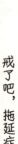

故事驿站

　　我总是会陷入一个怪圈，那就是无论做什么都要追求完美，而且几乎到了苛刻的地步。其实，我只是严格要求自己，什么都想做得更好一些而已。比如美术课上，我总是最后一个交作业，别人很快就画完了，只有我反反复复地涂改，直到画板上呈现的就是我想要的东西才会作罢；再比如写作文，更是一字一句地斟酌，生怕哪句表达不出我要的意境，一篇作文硬是要改上十多遍才能满意。就这样，每次我都在和自己"较劲儿"，也因为这一点，我做事越来越拖延，整天感到筋疲力尽。我现在十分困惑，做事想要精益求精，到底是对还是错呢？

总觉得哪里还不够完美。

我有自己的想法

咱们的作品呢？

不行，不够完美，我要再来一次！

    每当我想要结束一件事的时候，我的脑海里总有一个声音在提醒我，说："再检查一遍吧，万一不那么完美怎么办？"爸爸妈妈和老师也总是这么教育我：对待事情要认真，对待每一次创作都要足够投入，一丝不苟。所以，我只是渴望得到完美的结果，我觉得这是一种责任心，也是一种上进心，是我在为将来负责，是我追求更高、更好的结果，这难道有什么不对吗？别人都说我做事慢，那是因为我追求质量，只要它是完美的，慢一点又有什么关系。古人不也是那样说的吗？有句话叫"慢工出细活"，所以我也没做错什么呀。

孩子，你对自己严格要求、追求完美本身并无过错，但如果过度追求完美以至于影响效率和人际关系，就得不偿失了。这种拖延的背后，实际上是不自信的表现，也是一种自尊心泛滥的表现。过分看重个人能力和表现而产生心理负担也是不对的。这样的心理不仅严重阻碍了身心的健康成长，还会加深与他人的隔阂和冲突。表面看，这是一种有自尊心的好品质，但过于追求完美会让你总是觉得自己做得不够好，从而陷入焦虑，最终在无形中失去自信。俗话说"瑕不掩瑜"，没有一块玉没有瑕疵，反而是瑕疵让美玉显得更加晶莹美丽，这才是真正的完美。

1 改变心态，接受世上没有绝对的完美，学会在适当的时候放手，享受完成任务的成就感。

2 邀请家人、朋友一起参与你的事情，充分倾听他们的意见和赞美。这样会降低你对"完美"的执着，减少拖延现象，从而学会做事适度。

3 培养大局观，如果是团队合作，需要克服自身的"强迫症"，把集体荣誉和进度放在第一位，逐步克服内心对于细节的关注，结果让其他人来评判，学会用客观来代替主观。

困难恐惧症

——无法面对失败，能躲一时是一时

　　我是一个对失败很恐惧的孩子，每当我遇到困难的事时，就会不由自主地感到害怕和恐惧。遇到任何事，我最先想到的不是解决办法，而是在心里嘀咕着："要是做不好怎么办？"于是，时间就成了我最好的伙伴，它能帮助我忘记这种顾虑。往往磨蹭的时间越久，效果就越好，直至把这件事全部忘掉，心里就没有负担了。不管是在学校还是在家里，只要遇到难题，我都会使出我的"拖延大法"，不是看看电视娱乐一下，就是吃点零食放松一会儿，最后事情就不了了之了，真的百试百灵。

这次科技大赛由你带队参加，我相信你一定行！

我能行吗？要是做不好怎么办？

戒了吧，拖延症

116

我有自己的想法

一周了，你的参赛作品完成了吗？

最近关注了一个新方向，我正打算试试呢。

我害怕别人对我感到失望，所以我害怕失败，也害怕努力之后还得不到好结果，一切就都变成了徒劳，这种白白付出努力的感觉简直太糟糕了！所以，我告诉自己："只要我不开始，就不会失败；既然没有错误，也就不会有失望了。"每当老师把困难的任务分配给我，我都会拖拖拉拉地做，最后老师自然就把事情交给其他人做了，谁更有能力就应该承担更难的任务，难道这不是天经地义的事吗？我不想浪费大家的时间，也不想面对失败后的指责和埋怨。既然不能拒绝，那我只好选择拖延了。

妈妈，我知道错了。

爬墙虎只知道努力生长，敢于挑战才能拥有生存空间。如果还没经历挫折就认输，那才是真的输了。

孩子，这种自我保护的心理实际正在毒害你，它正在阻碍你进步的步伐。畏惧失败，看似并不是严重的问题，害怕好像是人之常情，但因为害怕失败而拖延和逃避，就是胆怯的表现，你正在被这种思想剥夺成长机会。人的一生不可能总是一帆风顺，正是在不断的尝试和失败中，我们才能吸取教训，找到通往成功的道路。人们都说"失败乃成功之母"，只有勇敢面对挫折，才能获得更大的提升。面对困难踌躇不前，并不是解决问题的方式，它只会让你错失成长的机会，让别人质疑你的能力和态度，影响你的社交和自信，这才是真正失败的人生。

1 循序渐进地树立自信，把自己认为困难的事列举出来，由简到难开始执行，每完成一个就给自己一点奖励，这样既能增加成就感，也能减少对失败的畏惧感。

2 找回积极的心态，用正能量的视角看待失败和挫折。树立失败并不可怕的信念，重要的是从失败中学习经验，鼓励自己勇敢面对挑战。

3 必要时向身边的人寻求支持，与家人、朋友或老师分享你的困扰，从他们身上获取能量和建议，帮助你攻克难关。

健康篇 原来拖延真的会让我得病

责任逃避症

——畏惧承担责任，所以选择一拖再拖

　　我从小就害怕压力，所以遇到需要担责的事就会退缩，我还学会了用拖延来解决问题，习惯从暂时的逃避中释放压力。有一次，班长生病了没有来上课，又正好赶上班里搞活动要收一笔班费，老师就让我代替班长收班费。于是，我又开始顾虑责任问题，由于我迟迟没有行动，导致活动一再延期。老师几次三番地催促我，我只好编造各种理由拖延，直到拖到班长病愈来上学，班费才被他收齐了。后来我才知道，原来老师本来是想让我当副班长，但是那次事情之后，她就改变了主意。

戒了吧，拖延症

120

我有自己的想法

还没有，我觉得还是谨慎一点好，我先统计清楚再说吧。

班费收齐了吗？

其实，拖延也是没有办法的办法，我只不过是想要保护自己而已。责任真的会令我心神不宁，我害怕那种莫名其妙的压力。我们班上有那么多小伙伴，为什么偏偏要让我负责那么重要的任务呢？我怕万一因为马虎大意出了差错，那我就要承担因此而产生的后果。本来我可以和朋友们开心地玩耍、轻松地学习，为什么要给自己找这么多烦恼呢？而且还有可能惹一身麻烦，最后被小伙伴们议论和嫌弃。可是，我又不想让老师失望，所以只好找些借口，能拖一会儿是一会儿，这就是我偷偷藏在心里的小秘密。

其实你可以这样做

老师，我想让您和大家重新信任我，我想竞选副班长。

很好，你终于懂得什么是责任了。

　　畏惧责任，不只是懦弱，实则是逃避担当、极度不负责任的表现。它就像慢性毒药一样，悄悄地侵蚀着你的勇气与担当，削弱了你的责任感。如果对这种行为放任不管，最终会像种子一样生根发芽，慢慢变成不被别人信任、自私自利的人。个人的荣辱，往往和集体的荣誉密不可分，如果连小小的责任都不敢承担，就如同失去了人际交往的通行证，难以赢得他人的尊重与信赖。勇于承担责任，不仅是个人品质的彰显，更是团队凝聚力与国家进步的强大动力，责任就是个人价值的重要体现。它的最低要求就是面对困难与挑战时，挺身而出，而不是成为团队中那匹趋利避害、阻碍前行的害群之马。

1 试着勇敢地去面对责任，让自己完成一些小任务，给自己增添信心。这种成就感会慢慢让你不再害怕责任。先从简单的事情开始，然后慢慢挑战更难的，这样自信心也会一点点增加，就像爬楼梯一样，越爬越高。

2 给自己找一个榜样，主动向他们学习，多向他们取经，然后试着模仿他们的好方法。找对方法，就会变得越来越能干，对责任的恐惧也会逐渐减少。

3 让自己更加强大，当我们学到很多知识，掌握了很多技能，那些曾经看起来很难的问题就会变得很简单，从而不再畏惧。

健康篇　原来拖延真的会让我得病

心理逆反症

——你越让我快，我偏要越慢

在大人们的眼中，我一定是一个叛逆的孩子。因为不管做什么事，他们让我往东，我就一定会往西，我才不要听别人的，我要做我自己。每天早晨，妈妈都会叫我起床，可我偏偏就是赖着不起，反正时间还早着呢，凭啥不能让我再睡一会儿？她总说早睡早起身体好，我就偏偏不信那些大道理，我天天晚睡晚起，不一样健健康康的吗？她还说让我好好吃饭，将来长高高，才能有一副好身体。我才不要长什么大个子，一到吃饭我就拖拖拉拉不好好吃，我就要做又瘦又小的人，他们谁有我灵活啊！

我有自己的想法

我觉得大人们总是管太多了，吃饭要管，睡觉要管，学习也要管，他们从来就不理解我的想法和感受。所以，每当他们要求我做一件事时，我就故意拖延，甚至表现得很叛逆，好像这样就能证明自己的存在和独立。我觉得我已经长大了，我有我自己的想法，所以我必须向他们发出抗议，我再也不想听别人的唠叨，我就要用我的方式做事情。每当我看到老师、家长无计可施的样子，心里就隐隐有种快乐，脑子里闪过这样的想法："看，我也能掌控局面！"

其实你可以这样做

（叛逆不是成长的标志，学会自我反省才是。）

（说得好有道理，我是不是错了呢?）

　　孩子，你的逆反心理和拖延行为，实际上是成长道路上的大石，阻挡着你进步。这种"对着干"的心态，不仅伤害了家人的感情，也耽误了你自身的成长。不管是在家庭中还是在学校里，相互理解和尊重都是人与人相处的最基本条件，而责任感就是连接彼此的纽带。你的拖延和反抗，实际上是对成长的抵触，这会让你的精神世界变得越来越狭隘。人长大的标志就是更有涵养，而"叛逆"却是小孩子才做的事情，大人更能权衡得失，但绝对不会用拖延来解决问题。真正的独立和成熟，是学会在理解和尊重中承担责任，而不是通过叛逆来彰显自我。

戒了吧，拖延症

教你怎么办

1 放下情绪，先学会沟通。与家人坦诚交流你的感受和想法，让他们了解你的内心世界。同时，也要倾听他们的意见和建议，学会换位思考。

2 主动参与家庭事务和集体活动，既可以培养自己的责任感和团队合作精神，又能放松身心改变心情。记住，每一次的付出和承担都是成长的宝贵财富。

3 寻求老师和同学的帮助，及时解决心理上存在的问题，向优秀的人学习，给自己制订目标，马上改掉拖延和叛逆的毛病。

健康篇　原来拖延真的会让我得病

高度近视症

——沉迷于电子游戏，视力越来越差

　　我最近爱上了电子游戏，所以就把从别的事情上拖延来的时间用在了玩游戏上。每天，功课刚刚做到一半，我就跑去打游戏了，不知不觉间，时间就悄悄溜走了，害得我每次都熬夜做功课，结果天天都睡得很晚。就算是学习的时候，我总是懒洋洋地趴在桌子上，爸爸妈妈提醒我好多次，可我就是改不掉。日子一天天过去，我发现看东西变得模糊了，去医院一看，哎呀，原来是得了近视眼！只能戴上厚厚的眼镜才能看清远处的东西。我还以为眼睛要失明了，还难过了好长时间呢。

戒了吧，拖延症

128

我有自己的想法

孩子，好好坐，眼睛别离书本那么近。

知道了，知道了！

每天上学虽然能学到很多新知识，但有时候难免也会觉得单调，回到家后还有各种作业等着我，感觉玩的时间好少啊。我也想偶尔放松一下，玩玩游戏，享受一下课余的悠闲快乐时光。而且，在学校里我已经很努力地坐得端正了，回到家难道就不能让我稍微放松一下坐姿吗？虽然爸爸妈妈会经常提醒我，但我有时还是会忍不住按照自己觉得舒服的姿势去坐。因为拖延着迟迟不肯改正，所以我的视力和骨骼出现了问题，但我觉得戴眼镜好像也挺有个性的，你们有没有像我一样也戴上近视镜呢？

其实你可以这样做

平时要注意坐姿，要适度用眼，孩子已经有300度的近视了。

　　小朋友，这样的想法可不太对！童年是学习最好的年龄，现在多付出努力，未来之路就会更轻松。虽然努力很重要，但健康也同样很重要。没有健康的体魄，不仅会影响学习效率，还会对生活造成诸多不便，降低生活质量和幸福感。尤其是视力，近视的危害也是很大的，虽然在医学科技发达的今天，近视也是可以通过各种方式治疗的，但那不代表没有风险和痛苦，因此而消耗的金钱和时间实在得不偿失。不良坐姿和长时间盯着电子屏幕，都是引发近视的元凶，这样的毛病一定要尽快改掉，千万不要再拖延下去了。

戒了吧，拖延症

教你怎么办

1 我们要学会聪明地安排学习时间，把任务分成小块，就像吃蛋糕一样一口一口来。每完成一部分就休息一下，这样既能高效学习，又能玩会儿游戏放松。

2 学习时要坐得端端正正，像小树苗一样挺直腰板。看书或看电视久了，要记得看看远处的绿色，让眼睛休息一下。还有，少玩点手机和平板，保护眼睛才最重要。

3 我们要学会自律，比如按时完成作业。爸爸妈妈会帮我们监督，做得好就奖励，做得不好也要有小小的惩罚，这样我们就能越来越棒了。

4 多出去走走，和朋友们一起跑跑跳跳，不仅能让眼睛得到休息，还能让身体变得更强壮。

妈妈，有了风筝，我好像又能看得很远了。

免疫低下症

——生活不自律，遭殃的是自己的身体

最近，我发现自己的身体好像越来越糟糕了，动不动就爱感冒发烧，隔三差五就往医院跑，我几乎成了医院里的"常客"。医生说我是"免疫力低下"，可是之前我明明是个很健康的孩子，到底是什么原因才让我变成这样的呢？左思右想，我终于想明白了，这可能和我的"拖延症"有关。每次妈妈爸爸一提醒我吃饭睡觉我就很反感，总是用各种借口拖延。现在可好了，打针吃药成了家常便饭，早知道这样，当初我就乖乖听话了，现在才明白爸妈的良苦用心，最后遭罪的还是自己啊！

戒了吧，拖延症

我有自己的想法

　　每次看书学习时，我就会不自觉地拖拖拉拉，一会儿想吃点东西，一会儿又想看会儿动画片。总之，我的精力总是无法集中，就这样边吃、边玩、边看、边学，一直就这么持续到后半夜。每当我要睡觉时，我的小脑袋里就冒出一个声音："不能睡，你还有事情没有做完呢！"于是，我就偷偷摸摸地爬起来，继续做我没做完的事，每次都不知道要到几点钟。拖延的时候很快乐，但第二天我还要拖着疲惫的身体去上学，感觉自己快要被掏空了，我到底该怎么办呢？

其实你可以这样做

小朋友，要记得按时吃饭和休息哦，不然身体里的'小卫士'们会罢工的。

　　小朋友，你的这种"歪想法"其实是对自己健康的不负责任。长期拖延吃饭和休息，会导致身体机能受损，免疫力下降，变得容易生病。这些都是影响学习和生活的罪魁祸首，还会给家人带来不必要的担忧和负担。而且，这种只顾眼前的快乐而不考虑后果的行为，也不利于形成良好的品德和习惯。所以，这种思想要及时纠正，不能再拖下去了。自律既是一个人的品质，也是对自己的爱护：培养自律的作息时间，保持自律的饮食规律，坚持自律的学习计划，都是对身心有益的习惯。而拖延的习惯就是"健康杀手"，只会让自己的身体遭殃，最后苦不堪言。

教你怎么办

1 我们要做一个时间管理员，按时吃饭和休息，用闹钟或者请家人帮忙提醒。一定记得要严格遵守，这样身体才会棒棒的。

2 为了让自己更自律，我们可以给自己准备一些小奖励。这样就可以每天都激励自己，过好既开心又健康的每一天了。

3 想要身体更健康，我们还要养成定期运动的好习惯。可以拉上家人或朋友一起，大家互相监督，一起跑步、做操，这样不仅能让身体更强壮，还能让心情更愉快，真正做到劳逸结合。

宝贝，你做得真棒！